走进动物王国科普丛书
黑色精灵
怒江金丝猴
中国科学院昆明动物研究所昆明动物博物馆
高黎贡山国家级自然保护区怒江管理局
编
河南科学技术出版社
·郑州·

图书在版编目（CIP）数据

黑色精灵——怒江金丝猴 / 中国科学院昆明动物研究所昆明动物博物馆，高黎贡山国家级自然保护区怒江管理局编. —郑州:河南科学技术出版社，2015. 12

（走进动物王国科普丛书）

ISBN 978-7-5349-8049-7

Ⅰ. ①黑… Ⅱ. ①中… ②高… Ⅲ. ①金丝猴一普及读物 Ⅳ. ①Q959. 848-49

中国版本图书馆CIP数据核字(2015)第291139号

出版发行：河南科学技术出版社
地　　址：郑州市经五路66号　邮编：450002
电　　话：（0371）65737028　65788613
网　　址：www.hnstp.cn
策划编辑：李义坤
责任编辑：李义坤
责任校对：董静云
封面设计：马晓锋
版式设计：马晓锋
责任印制：张　巍
印　　刷：北京盛通印刷股份有限公司
经　　销：全国新华书店
幅面尺寸：170 mm × 185 mm　印张：6　字数：148 千字
版　　次：2015 年 12 月 第 1 版　2015 年 12 月 第 1 次印刷
定　　价：30.00元

主　　编　中国科学院昆明动物研究所昆明动物博物馆
　　　　　高黎贡山国家级自然保护区怒江管理局

执行主编　马晓锋

副 主 编　李维薇　杨桂良

编写人员　马晓锋　何晓东　唐卫红　李嘉燕　林　红　王新文　杜丽娜　刘鲁明

科学顾问　蒋学龙　龙勇诚

摄　　影　马晓锋　董　磊　左凌仁　魏　来　六　普　陈小勇　董绍华　田应平
　　　　　牛　洋　陈奕欣　向左甫　何晓东　吕龙宝　刘业勇　马　驰　彭建生
　　　　　王　斌　王　剑　李嘉燕

供　　图　高黎贡山国家级自然保护区怒江管理局
　　　　　中国科学院昆明动物研究所

绘　　图　张　瑜　马　榕　王　斌

校　　对　李　松　杨劲松　吴丽彬

统　　筹　何晓东　李维薇

编　　务　孙　羽　陈泉燕

序

地球上有多少种动物?

这个问题动物学家也无法确切回答。目前，已经知道且被命名的动物约有150万种。随着人类对自然界的不断探索，新发现的物种逐年增加；同时，也有一些物种在消亡。

动物们分布在地球的各个角落，从地下到空中，从两极到赤道，从水域到沙漠，从高山到平原，无处不在。它们种类繁多，千姿百态。

中国是生物多样性特别丰富的国家之一，同时也是生物多样性受威胁最严重的国家之一，保护与恢复的任务艰巨。部分动物，人类与它们接近相对容易，便于认知其生存现状，容易凝聚起保护意识；但更多种类的动物，人们通常难以看到，从而忽视了它们的存在，唤起人们保护它们的意识也更为困难。

云南素有“动物王国”的美誉，其得天独厚的地域优势和多类型的生态环境造就了极其丰富的野生动物资源。中国科学院昆明动物研究所昆明动物博物馆凭借地域优势和丰富的物种资源，基于中国科学院昆明动物研究所五十多年的科研积累和几代科学家的辛勤工作，成功举办了动物系列专题展览，引起了较好的社会反响，收到了良好效益。

在动物系列专题展览基础上，编者采撷国内外优秀科技成果，编撰整理了“走进动物王国科普丛书”。该丛书语言严谨科学、通俗易懂、生动活泼、风趣幽默，配以精心整理、种类繁多的动物图片，形象生动地展示和阐释了生存在地球上的各类动物的形态、生活习性与生存情况，以及它们和人类社会千丝万缕的联系，从而引起人们对形态各异的动物的关注，唤起人们探索动物王国的兴趣，促进人们关注和保护生态环境。

让我们一起走进动物王国，认识它们，关心它们的生存与发展，与它们和谐共处。

中国科学院院士

2013年12月8日于北京

前　言

“2011 年 10 月 16 日，高黎贡山国家级自然保护区泸水县片马镇附近发现怒江金丝猴！而且还有精美照片为证！”此消息一出，立即引起极大轰动。社会各界对此高度关注：怒江金丝猴的发现意味着什么？它们是高黎贡山的“原住居民”，还是刚从缅甸过来的“移民”？如果是“原住居民”，为何现在才被发现？它们究竟还有多少？它们是“中国居民”还是“缅甸居民”，或是偶然性“跨境”？……各种问题纷至沓来，然而却均无从知晓，全部都是谜！

迄今为止，怒江金丝猴是世界上发现的第五种金丝猴，在 2010 年才公之于世，而第四种金丝猴——越南金丝猴的发现则是近百年前的事了，于 1912 年正式被科学命名！目前，人类对怒江金丝猴的生物学知识了解甚少！

《黑色精灵——怒江金丝猴》乃全球首次向世人展示深藏于高黎贡山原始森林的黑色精灵的风采。我们真诚地希望它们那美丽绝伦的精彩瞬间，能引发人们对神秘大自然更多的遐想和深思，激发更多人去怒江大峡谷原始森林探索和了解那里的世界未知之谜，触动人们心灵深处的慈爱与善良，通过黑色精灵把爱传递给怒江峡谷的当地百姓。正是他们的淳朴善良和流传千年的生态文明，才使世人今天有机会欣赏和赞叹黑色精灵这一大自然创造的神奇！

编　者

2015 年 10 月

目　录

带你走进神奇的怒江大峡谷
领略怒江金丝猴的精彩故事

第一部分

金丝猴家族

金丝猴（拉丁学名：*Rhinopithecus* spp.）属于脊椎动物门、哺乳纲、灵长目、猴科、疣猴亚科、仰鼻猴属。它们形态独特，动作优雅，性情温和，是人们熟悉、喜爱的珍稀动物，可谓动物世界里的明星。到目前为止，世界上共发现五种金丝猴，它们分别是川金丝猴、黔金丝猴、滇金丝猴、越南金丝猴和怒江金丝猴，这五种金丝猴全都分布在亚洲。其中，川金丝猴、滇金丝猴和黔金丝猴是中国特有分布种。

一、金丝猴名称的由来

金丝猴是仰鼻猴属动物的总称。世界上最早发现的金丝猴是生活在我国四川的川金丝猴，它们身着似缕缕金丝的柔软长毛，最长可达 30 多厘米，披散下来就像金黄色的“披风”，十分漂亮，分外夺目，因此而得名。

川金丝猴 *Rhinopithecus roxellana*

在目前已知的五种金丝猴中，只有川金丝猴体毛呈金黄色或棕黄色，其他四种并无金黄色的毛发。

越南金丝猴 *Rhinopithecus avunculus*

滇金丝猴 *Rhinopithecus bieti*

黔金丝猴 *Rhinopithecus brelichi*

小贴士

滇金丝猴、怒江金丝猴和越南金丝猴拥有与人类一样的红唇，这在目前已知的灵长类动物中是特有的。

怒江金丝猴 *Rhinopithecus strykeri*

二、金丝猴的特征和习性

金丝猴虽然外貌、体形各异，但都有一个共同特征——鼻梁凹陷，鼻孔显著上仰，与面部几乎平行，俗称“朝天鼻”，所以金丝猴亦称仰鼻猴。此外，它们都长着厚厚的嘴唇，没有颊囊，全身毛发较长，尾长一般长于体长。

金丝猴的主要特征

金丝猴主要在树上活动

金丝猴有较强的适应能力。它们行动敏捷，跳跃、攀缘和平衡能力非凡，有垂直迁移的习性，可通过叫声传递信息。它们是离不开森林的树栖动物，觅食、嬉戏、追逐和休息等均在树上，即使在受到惊吓时也是在树枝间跳跃，但也常在地面活动，如饮水或采食地面食物等。

滇金丝猴（母子）

金丝猴的繁殖和产仔有明显的季节性。全年都可交配，但高峰期主要集中在秋季，妊娠期一般 8 个月左右，故多在次年的春季产仔，通常 1 胎 1 仔，偶产 2 仔。刚出生的小猴子体重 500 克左右，1 个月后体重就可达 1 000 克，叫声如婴儿哭泣。幼仔由母猴抱着哺乳，哺乳期约半年，半岁后幼仔即从外界摄取营养物质作为补充，但完全断乳则多在小猴子长到 1 岁半左右。在金丝猴的家庭中，未成年的小金丝猴有着强烈的好奇心，非常调皮，也倍受父母宠爱，但公猴子成年后就会被赶出家门，只能自己独立生活。

怒江金丝猴（母子）

金丝猴为群居动物。其家庭是典型的“一夫多妻制”，每个家庭一般由一只成年雄猴与几只雌猴和它们的后代组成，又以若干个这样的小家庭和全雄单元一起组成大混合群。每个群体由几十只到几百只猴子组成，群与群之间很少重叠，往往被河沟、山梁或无林广阔地带所阻隔。

在树上休息的滇金丝猴

采食树叶的滇金丝猴

金丝猴食性很杂，但大多以植物性食物为主，如植物的嫩叶、嫩枝、花、果实、种子、树皮、竹笋、苔藓等，也吃一些昆虫、小鸟和鸟蛋，食物随地域分布不同、季节更替、生态环境改变而变化。

三、金丝猴家族成员

1. 最早被发现的金丝猴——川金丝猴

川金丝猴是最早被人们所认识的金丝猴。1870 年，法国动物学家爱德华对来自四川宝兴的金丝猴标本进行了研究鉴定，依据其鼻孔上仰这一特征，将其定为仰鼻猴属 *Rhinopithecus*，这一新物种被定名为 *Rhinopithecus roxellana*，即川金丝猴。

川金丝猴 *Rhinopithecus roxellana*

川金丝猴（成年雄猴）

川金丝猴体形粗壮，毛色艳丽，尤以成年雄猴最为显著。它长着一副天蓝色的面孔，突出的吻部和嘴角的瘤状突起看上去有些滑稽，短小的耳朵隐藏于乳黄色的丛毛中，一身金黄色长毛尽显其雍容华贵。新生婴猴的毛色浅淡，但随着年龄的增长，毛色会变得越来越深，成年后就会像它们的父母一样成为名副其实的金丝猴。

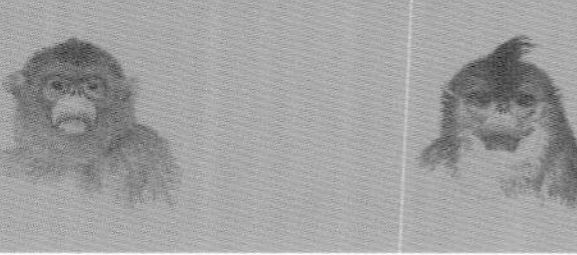

川金丝猴生活在海拔900~3 500米的针阔叶混交林和针叶林内，并随季节的变化在栖息的生境中做垂直移动。夏天，它们在海拔3 000米左右的针叶林内活动，冬天则下到海拔1 500米左右的针阔叶混交林内活动。分布于四川、甘肃、陕西、湖北、重庆等地，是分布范围最广的金丝猴。

川金丝猴（亚成体）

2. 栖居海拔最高的金丝猴——滇金丝猴

早在 1871 年，法国传教士大卫就曾在云南打听到有关滇金丝猴的故事。1895 年，法国传教士比尔和索利首次采到了 7 个滇金丝猴标本，并将其全数送到法国巴黎自然历史博物馆保存。1897 年，该博物馆的动物学家爱德华根据这些标本首次正式发表了有关滇金丝猴的科学记述，正式定名为 *Rhinopithecus bieti*，滇金丝猴才逐渐被世人所认识。但由于滇金丝猴生长在人迹罕至的高山地带，接下来的数十年中无人对其进行系统的科学研究，以至有人甚至认为这个物种可能已经灭绝。

滇金丝猴 *Rhinopithecus bieti*

1973 年中国科学院昆明动物研究所科考队翻越高黎贡山垭口

1962 年，中国科学院昆明动物研究所彭鸿绶教授等科研人员在滇西北科学考察时，在德钦县收购到 8 张滇金丝猴的不完整皮张，才又宣告了滇金丝猴的存在。1987 年中国科学院昆明动物研究所科研人员从野外获得了 4 只活体标本，从此掀起了研究滇金丝猴的热潮。昆明动物研究所多次组织针对这一珍稀物种的专项野外科学考察，进行了滇金丝猴行为生态学、生殖生物学、神经生物学、细胞遗传学和驯养繁殖等方面的研究。

1978 年昆明动物研究所科考队在碧罗雪山考察

1973 年兽类学家彭鸿绶先生在独龙江考察途中过藤索桥

滇金丝猴（成年雄性）

滇金丝猴是金丝猴家族中体形最大的。它身披长毛，身体背面、侧面、四肢外侧、手、足和尾均为黑色，颈侧、腹面、臀部及四肢内侧均为白色，面部粉白有致，嘴唇宽厚红艳，鼻子上翘，一双杏眼，煞是好看。幼仔灰白色，憨态可掬，极具观赏价值，让人过目不忘。

滇金丝猴（幼体）

滇金丝猴生活在澜沧江与金沙江之间云岭山脉两侧海拔 2 800~4 300 米的高山深谷地带，栖息于高山暗针叶林带，偶尔也在针阔叶混交林中活动觅食，是灵长类动物中除人类外唯一能生活在高海拔且气候寒冷地区的物种，故又称“雪猴”。滇金丝猴主要以冷杉类的叶芽和松萝等为主食，随着季节的不同，采食的植物种类有一定的变化。分布于我国云南省迪庆州德钦县、维西县，丽江市玉龙县，怒江州兰坪县，大理州剑川县、云龙县，以及西藏自治区昌都市芒康县等极狭窄的一个区域。

滇金丝猴（家庭）

3. 尾巴最长的金丝猴——黔金丝猴

1903 年，英国人托马斯依据一张从贵州猎人手中获得的金丝猴皮将其定名为 *Rhinopithecus brelichi*，即黔金丝猴。在此后的几十年间就再也没有有关该物种的任何报道。1962 年，中国科学院昆明动物研究所彭鸿绶教授带队在贵州梵净山考察期间获得了一个黔金丝猴头骨。1967 年，中国科学院动物研究所的科考人员在梵净山终于获得了一只雌性成年黔金丝猴活体，至此，又证实了黔金丝猴依然存在于这片原始森林中。

黔金丝猴 *Rhinopithecus brelichi*

黔金丝猴的体形近似川金丝猴但稍小，其毛色也不如川金丝猴艳丽。它头圆、耳短、嘴唇薄，长着一条金丝猴家族中最长的尾巴。脸部皮肤浅蓝色。除额部、上胸部、腋部及前肢上部内侧金黄色，腹部黄白色外，其余身体大部分毛色呈黑褐色，成体背部两肩之间有一明显的白斑，故又被称为“白肩仰鼻猴”。刚出生的幼仔通体黄白色，毛茸茸的非常可爱。

黔金丝猴（成体）

生活在梵净山密林中的黔金丝猴

黔金丝猴栖息于海拔 787~2 330 米的常绿阔叶林、常绿落叶阔叶林和落叶阔叶林中，也偶见于村寨附近。它们绝大部分时间在高大的树上活动，动作灵活敏捷，跳跃能力很强。黔金丝猴群的大小在四季有分合的变化。夏季，猴群分散成小群活跃于食物丰盛的森林中。到了冬季，气温降低，随着大部分树叶的凋零，食物变得匮乏，它们便转到海拔相对较低的山腰活动。这时的猴群会聚集成上百只由多雄多雌组成的混合家族群，共同在山林中活动、栖息。黔金丝猴的分布区域窄小，仅分布在我国贵州梵净山的原始密林中。

4. 分布最南的金丝猴——越南金丝猴

1912 年，多尔曼将在越南北部森林中发现的金丝猴定名为 *Rhinopithecus avunculus*，即越南金丝猴，也叫东京仰鼻猴。

越南金丝猴的外形似滇金丝猴，只是体形较小，头部也没有长毛形成的毛冠，但尾巴却比滇金丝猴长。其身体背部、四肢外侧黑色，腹面、四肢内侧乳黄色，看上去黑白分明。吻部与滇金丝猴非常相像，也长着两片肥厚的红唇；眼、鼻、口周围的皮肤是淡蓝色的，在眼眶上形成圈状，远看就像戴着一副眼镜，长相非常奇特。

越南金丝猴仅见于越南北部陡峭石灰岩山地的亚热带低地原始阔叶林中，分布范围相对狭窄，是越南的特有种，也是目前所知仰鼻猴属物种中分布最南的一个种。

越南金丝猴 *Rhinopithecus avunculus*

5. 金丝猴家族的新成员——怒江金丝猴

金丝猴新种——怒江金丝猴

2010 年，野生动植物保护国际（FFI）组织在缅甸克钦邦东北部进行灵长类动物调查时，收集到一具完整的仰鼻猴尸体标本。经科研人员比较、判断，确定为新种金丝猴，并将其定名为 *Rhinopithecus strykeri*。2011 年 10 月 16 日，我国林业工作者在云南省怒江傈僳族自治州的泸水县片马镇附近首次拍摄到这一新种金丝猴的活体照片，证实了其在我国境内的确实分布。我国灵长类专家组将其中文名命名为“怒江金丝猴”。

五种金丝猴被科学命名的时间

期待

世界上是否还存在着尚无人知晓的第六种金丝猴？目前科学界有学者大胆预言，在滇金丝猴和怒江金丝猴之间还应该存在一种过渡的金丝猴种群，且这个种群的方位大致可以缩小至怒江傈僳族自治州境内。

四、金丝猴的现状

金丝猴的生存面临严峻的考验，它主要来自于偷猎和栖息地破坏两个方面。随着人口的不断增长，人们生活和生产活动日趋频繁，给金丝猴的生存造成了严重威胁。其生存地域越来越狭窄，而且各自然种群处于相互隔离状态，使基因交流困难；而近亲繁殖又导致自然种群内遗传多样性降低，繁衍和生存能力下降。

由此，各级政府制定了一系列保护措施，强化森林和野生动物保护。一方面就地建立金丝猴自然保护区，严厉打击偷猎和非法进行野生动物贸易活动；另一方面大力开展宣传教育活动，提高公众对金丝猴的保护意识。

云南白马雪山国家级自然保护区

此外，进行迁地保护和研究，使之在人工饲养条件下生存和繁衍，也是保护野生动物行之有效的方法。20 世纪 80 年代，中国科学院昆明动物研究所开创了对滇金丝猴生态学的系统研究及人工驯养试验，并在滇金丝猴的迁地保护和人工驯养繁殖的研究方面获得成功。经过近 30 年的人工驯养繁殖，在人工繁育方面取得了重大突破，为滇金丝猴保护等提供了重要的科学依据。同时还建立了一套科学的滇金丝猴饲养管理方法。

20 世纪 90 年代初，中国科学院昆明动物研究所繁殖成功第一只滇金丝猴。

2012 年 2 月 21 日凌晨，两只可爱的“同父异母”的滇金丝猴宝宝同一天诞生，这是昆明动物研究所人工繁殖的子二代滇金丝猴。

怒江金丝猴的生存现状如何?

川金丝猴、滇金丝猴和黔金丝猴是我国特有的灵长类动物，均属于国家Ⅰ级重点保护野生动物，《濒危野生动植物种国际贸易公约》（CITES）附录Ⅰ物种，其珍贵程度与大熊猫齐名，同属“国宝级动物”。目前在《世界自然保护联盟濒危物种红色名录》（IUCN 红色名录）中，川金丝猴的种群数量有 20 000 余只，与金丝猴家族中的其他成员相比还算是一个比较旺盛的种群；滇金丝猴的种群数量在 3 000 只左右，黔金丝猴的种群数量仅存 750 只左右，这 3 种金丝猴均被评估为濒危物种（EN）; 越南金丝猴是金丝猴家族中种群数量最少的物种，估计现存的种群数量在 200 只左右，被评估为极危物种（CR）。新发现的怒江金丝猴的生存状况又如何呢?

怒江金丝猴是世界上迄今为止发现的第五种金丝猴，也是中国境内分布的第四种金丝猴，直到2010年才公之于世。人类对于怒江金丝猴的了解基本处于空白。为了更深入地了解怒江金丝猴的生物学和遗传学特性，为怒江金丝猴的保护提供科学依据，怒江州联合有关科研单位开展了一系列的科学研究。

人类对怒江金丝猴的了解基本处于空白

世界上第五种金丝猴

——怒江金丝猴的神秘面纱正被慢慢揭开……

第二部分

怒江金丝猴

2010 年，《美国灵长类学杂志》在线发表了一篇描述在缅甸东北部发现一个金丝猴新种的文章，这个第五种金丝猴的英文名被建议为 Myanmar Snub-nosed Monkey。据报道，这个新种的分布仅局限在缅甸东北部克钦邦的萨尔温江—恩梅开江区域的狭小范围内，种群规模在 300 只左右，分布区域大约有 273 平方千米。

新发现的这种金丝猴与怒江当地群众传说的“黑猴子”有关联吗?

一、传说

在云南省怒江傈僳族自治州泸水县片马镇境内的高黎贡山原始密林中，有种猴子与众不同，当地傈僳人称其为“猕阿”，意为鼻孔朝天的猴子。因这种猴子体毛呈黑色，一些群众又把它称为黑猴子。据称，下雨时它会因为雨水流入鼻腔而不断打喷嚏，为了避免雨水流入，它会把头埋在两膝之间。下片马村湾草坪组村民周士才在 1985 年上山挖草药时曾看到过几十只黑猴子。国家设立自然保护区后，人们就很少进入大山，再也没有人见过这种猴子。

黑猴子的传说

二、寻找

2010 年 10 月 26 日，我国灵长类专家组组长龙勇诚首次看到《美国灵长类学杂志》有关缅甸克钦邦东北部发现金丝猴新种描述文章的在线稿，便立即与怒江州林业局共商在怒江州找寻这一金丝猴新种的可能性。我国科学家及研究人员认为，金丝猴新种发现地与怒江境内的高黎贡山西坡接壤，地理环境及植被类型极其相似，高黎贡山存在该物种的可能性非常大。在科学分析的基础上，怒江州林业局迅速组织精干力量，安排专项经费，在中国与缅甸接壤的相关区域启动了金丝猴新种的野外调查工作。

野外调查

2010年11月，怒江州林业局分别在泸水、福贡两县组织开展了社区访谈和初步的野外调查工作。访谈中，泸水县和福贡县高黎贡山保护区周边多个村民小组均有村民反映，曾见过体貌特征与新种金丝猴十分相似的黑色猴子。特别是泸水县片马镇有村民反映，多年前曾经在金满河头处捕获过黑猴子，外貌特征与新种金丝猴极其相似，访谈表明该物种在泸水县境内有存在的可能。针对这一线索，林业部门将调查重点放在泸水县片马镇、洛本卓乡和福贡县匹河乡，制订了野外调查实施方案，开展了野外专项调查，并安排保护区片马管理站、洛本卓管理站和匹河管理站结合巡护工作坚持野外调查。

社区走访

野外调查和巡护

传说中的“黑猴子”还有吗

种群数量有多少

它们的栖息地在哪里

?

寻找

三、发现

2011 年 10 月 16 日，经过近一年坚持不懈的走访调查和野外蹲守，高黎贡山国家级自然保护区泸水管理局片马管理站森林管理员六普在高黎贡山国家级自然保护区泸水段 48 号界桩附近（东经 98° 37′ 09″，北纬 26° 02′ 44″，海拔 2 546 米）的一块常绿阔叶林地上拍摄到一组黑色猴子的野外生存照片。林业部门技术人员将其与野生动植物保护国际（FFI）公布的金丝猴新种模式标本照片进行对比后，认为相似度极高。我国灵长类专家组组长龙勇诚等专家对这组疑似金丝猴新种的照片进行鉴定后确定，这是人类首次拍摄到这一物种的野外生存照片。这组照片是中国存在金丝猴新种的第一证据，明确了怒江州属于这一物种的重要分布区。

林业工作者六普（前）和他的同伴在野外调查

世界上首张怒江金丝猴野外生存照

怒江金丝猴（成体）

2012 年 3 月 14 日，六普和他的同伴们又一次在高黎贡山国家级自然保护区泸水段 48 号界桩附近与怒江金丝猴相遇，这一次他们不仅拍摄到了金丝猴活动的照片和视频，而且采集到粪便 2 份和采食植物若干份。收集到的粪便样本在中国科学院昆明动物研究所和云南大学生命科学学院进行 DNA 提取，通过与其他金丝猴样本的基因比对，首次在分子水平上肯定了怒江金丝猴作为世界第五种金丝猴的分类地位，以及在我国的分布。

怒江金丝猴（幼体）

此次拍摄到的视频资料尤为珍贵，是世界上首次记录怒江金丝猴在野生状态下的影像资料，经采编后分别在中央电视台、云南电视台等主流媒体播出，《云南日报》等各大门户网站也相继进行了报道，引起了各级党委政府、科研机构、新闻媒体、保护团体和普通民众的高度关注。

龙勇诚说：

“获得标本，可以从生物学的角度确定一个物种的存在。珍贵的视频和第一手资料，才能充分说明该物种仍在繁衍。”

在树上活动的怒江金丝猴

怒江州林业部门工作人员在走访调查中了解到，怒江金丝猴就是被当地傈僳人称为“猕阿”的黑猴子，很早以前就有村民见到过，为怒江当地世居猴群。

怒江金丝猴是怒江当地的世居猴群

四、命名

2010 年 10 月 26 日，《美国灵长类学杂志》在线发表了野生动植物保护国际（FFI）组织在缅甸克钦邦东北部发现新种金丝猴的成果。为纪念阿克思基金会（致力于世界野生猿类研究）的创始人乔恩 · 斯瑞克，并感谢他对缅甸灵长类调查项目的支持，将新种拉丁名定为 *Rhinopithecus strykeri*（英文名 Myanmar Snub-nosed Monkey）。

在缅甸获得的怒江金丝猴标本

在中国怒江获得的怒江金丝猴活体

由于这一新物种在我国境内的首次发现地点位于云南省怒江州境内，因此我国灵长类专家组建议将其中文名定为“怒江金丝猴”。2012 年 10 月，黑色仰鼻猴新种在中国怒江州发现的科学文章“*Rhinopithecus strykeri* found in China！”在《美国灵长类学杂志》正式发表，其中文名被正式定为“怒江金丝猴”。

五、认识

1. 基本信息

物种名称

中文名：怒江金丝猴

英文名：Myanmar Snub-nosed Monkey

地方名：猕阿（傈僳语）

拉丁名：*Rhinopithecus strykeri*

怒江金丝猴的面部特征

怒江金丝猴猴群

灵长目 Primates

猴　科 Cercopithecidae

疣猴亚科 Colobinae

仰鼻猴属 *Rhinopithecus*

外形特征

全身覆盖着茂密的黑色毛发，头顶具细长、向前卷曲的黑色冠毛，耳部和颊部有小面积的白毛，面部皮肤呈淡粉色，下巴上有独特的白色胡须，会阴部为白色。

怒江金丝猴的体貌特征

生存环境

一般栖息在海拔 1 700~3 100 米的原始森林中。活动生境为中山湿性常绿阔叶林、寒温性针叶林和竹林内，其中中山湿性常绿阔叶林为其主要生境。

中山湿性常绿阔叶林

生活习性

怒江金丝猴有固定的移动路线

怒江金丝猴群组织较严密，具有固定的移动路线，雄猴具有强烈的捍卫族群安全的意识，猴群移动时，由若干只雄猴负责开道和断后，中间是母猴及幼猴。由于猴群数量较多，且成年猴体重较大，所经之处经常折断树枝，声响很大。

活动规律

具有随食物、季节和天气变化迁移的特点，每年四五月箭竹萌笋季节，上移至箭竹林活动，其余时间在中山湿性常绿阔叶林等生境中活动，并有夏季上移、冬季下移，晴天上移、雨天下移的规律。猴群很少下地活动。

怒江金丝猴多在树上活动

食性食谱

正在进食的怒江金丝猴

通过采集植物标本、猴群活动区域调查以及对部分群众的走访了解到，怒江金丝猴的主要食物有杉科、杜鹃花科、壳斗科、五加科、五味子科等植物的果实、花、芽、嫩叶、嫩茎及竹笋，如水青树 *Tetracentron sinense*、云南铁线莲 *Clematis yunnanensis*、金银忍冬 *Lonicera maackii*、两列栒子 *Cotoneaster nitidus*、中华猕猴桃 *Actinidia chinensis*、怒江柃 *Eurya tsaii*、千里光 *Senecio scandens*、瑞丽鹅掌柴 *Schefflera shweliensis*、五味子 *Schisandra chinensis*、西南栒子 *Cotoneaster franchetii*、西域青荚叶 *Helwingia himalaica*、紫药女贞 *Ligustrum delavayanum*、山胡椒 *Lindera glauca*、网叶山胡椒 *Lindera metcalfiana* var.*dictyophylla* 等。

五味子　　网叶山胡椒　　水青树

种群数量

怒江金丝猴数量稀少

据专家估计，怒江金丝猴在缅甸的种群数量不到 300 只，而生活在中国境内的怒江金丝猴数量在 500 只左右，也就是说，目前，世界上仅存的怒江金丝猴不会超过 800 只，是我国数量最少的一个金丝猴物种。

地理分布

国内仅见于云南省怒江州泸水县。国外见于缅甸东北部。

怒江金丝猴的分布范围小

2. 调查研究

根据目前掌握的情况来看，怒江金丝猴的种群数量不容乐观。如何对其进行科学有效的监测、保护和研究，已经成为迫在眉睫的任务。

2012 年 10 月，怒江州成立了由多部门组成的怒江金丝猴联合野外调查组，在国家林业局资助下，从 2012 年 11 月 2 日开始开展了为期 29 天的野外专项调查。期间，调查组于 2012 年 11 月 12 日发现怒江金丝猴猴群，并进行了 2 天的跟踪观察和拍摄。

专项调查

野外监测

通过此次调查，对怒江金丝猴的一些相关情况有了进一步的了解和认识。一是首次发现了猴群下地饮水的情况；二是发现了处于哺乳期和孕期的母猴；三是掌握了猴群在特定区域内的活动路线和周期；四是基本掌握了猴群主要食物来源和威胁因子。2013 年 10 月，监测人员又拍到了怒江金丝猴野外吃食的画面，这对研究怒江金丝猴的食源、饮食结构、种群数量、生活习性、生存环境具有一定的参考意义。

怒江金丝猴

怒江州林业局联合有关科研单位，开展了一系列科学研究。在大理大学东喜马拉雅资源与环境研究所专业技术人员的技术指导下，对该物种的活动时间分配、空间利用、食物的优先选择、食物的种类进行数据收集。

观察到的怒江金丝猴饮水点

中南林业科技大学研究人员在片马区域放置了30台红外相机进行调查和监测，拍摄到了大量有关怒江金丝猴活动的照片和视频，这也是国内首次用红外相机拍摄到怒江金丝猴。数据基于相邻照片分组处理，使我们初步了解到片马地区一猴群的家域范围及日游走距离、社会结构、地栖和树栖规律、年龄结构、分群聚合行为及其影响因子。

红外相机记录的怒江金丝猴活动情况

怒江金丝猴（母子）

2013 年，怒江州林业局与中国科学院动物研究所达成了科研合作协议，计划在 2013—2015 年，分步骤开展怒江金丝猴遗传生态学、分子生态学和行为生态学等全方面研究。项目启动以来，高黎贡山国家级自然保护区怒江管理局、泸水县管理局也派出技术人员全程参与此次研究工作。截止到 2015 年 11 月，已基本掌握了春秋季节怒江金丝猴活动的大致范围以及怒江金丝猴的 167 种食物。

在高黎贡山东坡发现的怒江金丝猴种群

2015 年 9 月 17 日，高黎贡山国家级自然保护区泸水管理局工作人员及大理大学东喜马拉雅资源与环境研究所科研工作者首次在怒江州泸水县高黎贡山主山脉东坡发现怒江金丝猴新种群。这是目前在我国境内科研人员直接观测到并取得影像记录的第二个怒江金丝猴猴群，无论是从种群分布、数量还是监测内容上，都将对怒江金丝猴的研究和保护工作具有重要意义。

在之前的野外科考调查中，科学家认为怒江金丝猴仅生活在高黎贡山西坡中山湿性常绿阔叶林等生境内，而这次发现的新猴群，是位于海拔 3 170 米的东坡寒温性针叶林地带，其栖息地向东扩展了 8 千米。此外，通过这次的跟踪观察，还记录到了怒江金丝猴午休、梳理毛发等大量具有研究价值的影像资料，极大地拓展了人们对怒江金丝猴的认识。

▲▼正在午休的怒江金丝猴

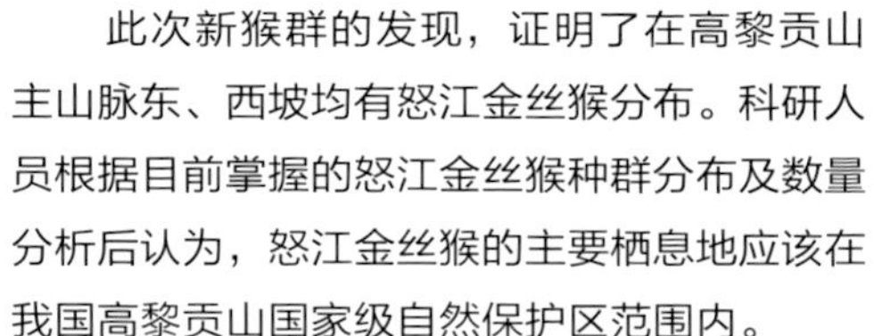

此次新猴群的发现，证明了在高黎贡山主山脉东、西坡均有怒江金丝猴分布。科研人员根据目前掌握的怒江金丝猴种群分布及数量分析后认为，怒江金丝猴的主要栖息地应该在我国高黎贡山国家级自然保护区范围内。

在铁杉树上活动的怒江金丝猴

为了更深入地了解怒江金丝猴的生物学和遗传学特性，也为今后的保护工作提供依据，寻得怒江金丝猴活体样本成为国内外从事灵长类动物研究工作者最为迫切的需要。

高黎贡山是怒江金丝猴的主要栖息地

3. 收容拯救

2013 年 1 月，泸水县大兴地镇卯照村村民伍月华如往常一样背着背篓上山采药。当时山里正下着雪，他发现雪地里有一团黑乎乎的东西若隐若现，走近一看，原来是一只毛色乌黑正瑟瑟发抖的小猴子，看着它很可怜，伍月华就把这只小猴子背回了家。经过精心照料，原本瘦弱的小猴子逐渐恢复了活力。八个月过去了，当一家人得知这是新发现的珍稀物种怒江金丝猴后，于 2013 年 9 月 21 日把它送交泸水县林业局。看到这只猴子时，林业局的工作人员都惊呆了，随即对其进行了检查辨识。经鉴定，它是一只 2 岁左右的雌性怒江金丝猴。

人类第一次获得的怒江金丝猴活体

这是人类第一次获得怒江金丝猴活体，也是目前唯一可供研究的怒江金丝猴活体样本。为了让这只珍贵的怒江金丝猴生活在原生态野生环境中，怒江州林业部门经过研究比对，投入 15 万元，在其生存环境相似度最高的高黎贡山国家级自然保护区姚家坪管理站修建了 180 平方米的仿野生饲养居所，并安排专人对怒江金丝猴进行精心养护，定时投食和观测记录。目前该猴身体健康，进食和排泄正常。云南大学生命科学学院和中国科学院动物研究所采集血样后，开展了怒江金丝猴 DNA 基因组测序和相关遗传学的研究。

怒江金丝猴仿野生饲养居所

4. 怒江金丝猴与滇金丝猴是近亲吗

怒江州是目前全国唯一拥有两种金丝猴的地区，即怒江金丝猴和滇金丝猴。

怒江金丝猴与滇金丝猴的生存环境极其相似，两者栖息地间隔的距离也不远。怒江金丝猴有没有可能是滇金丝猴的“近亲”呢?

滇金丝猴 *Rhinopithecus bieti*

怒江金丝猴 *Rhinopithecus strykeri*

从外部形态上看，怒江金丝猴与已知的四种金丝猴有着明显差异，与同样生活在云南境内的滇金丝猴也有很大不同。

新发现的怒江金丝猴种群生活在怒江以西，而滇金丝猴生活在与怒江大致并行的澜沧江以东，两个种群之间隔着两条大江，其中怒江金丝猴的存在至少有 100 万年。由此推断，两种金丝猴的生殖隔离可能在 60 万年左右，新发现的怒江金丝猴应该与已知的四种金丝猴一样，属于独立物种。中外专家在德国灵长类研究中心的基因实验室里进行的基因分析结果也显示，怒江金丝猴与滇金丝猴的基因大约在 57 万年前就已经分化。

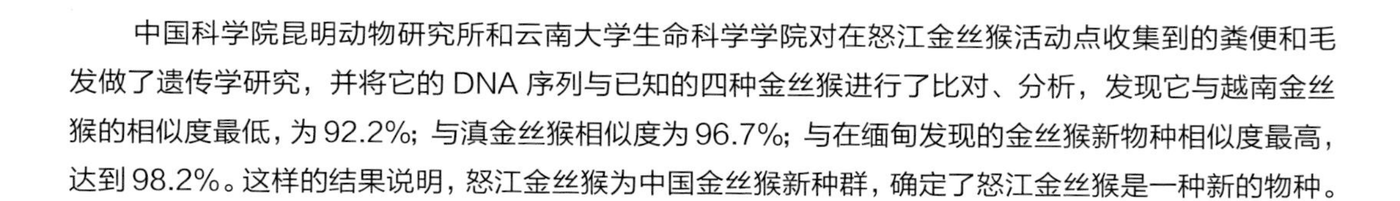

中国科学院昆明动物研究所和云南大学生命科学学院对在怒江金丝猴活动点收集到的粪便和毛发做了遗传学研究，并将它的 DNA 序列与已知的四种金丝猴进行了比对、分析，发现它与越南金丝猴的相似度最低，为 92.2%；与滇金丝猴相似度为 96.7%；与在缅甸发现的金丝猴新物种相似度最高，达到 98.2%。这样的结果说明，怒江金丝猴为中国金丝猴新种群，确定了怒江金丝猴是一种新的物种。

五种金丝猴的亲缘关系分支图

怒江金丝猴(幼体)

六、面临的威胁

第五种金丝猴——怒江金丝猴的发现，使怒江各族人民感到喜悦和自豪，然而喜悦过后，我们必须清楚地认识到，摆在这一新物种面前的是严峻的生存挑战。怒江金丝猴刚被人类发现，就被列入了极度濒危动物的名单。其实这一新发现的物种在被证实之前，并非与世隔绝，正相反，当地知道这一物种存在的人并不在少数。正是由于人们对怒江金丝猴的认识严重不足和长期忽略，才使这一物种的发现比其他金丝猴整整推后了一个多世纪。如今，由于人口增长和经济发展所带来的生境丧失和退化，以及当地居民传统的生产、生活方式和观念，仍然是这个物种面临的主要威胁。

怒江金丝猴被列入极度濒危动物的名单

怒江金丝猴和其他所有金丝猴一样需要生活在原始森林中，因此，人类对原始森林的砍伐或蚕食必将使其生境及栖息地受到破坏；偷捕盗猎将导致其种群数量快速下降；而对药材和林下非木材林产品的采集将减少群落树种的多样性，破坏森林群落结构，降低森林资源量。这些因素严重影响着怒江金丝猴的正常生活，对其生存造成极大威胁。

怒江金丝猴种群数量极少，徘徊在濒临灭绝的边缘。这一稀世珍品能否永远与我们相伴，将取决于人类的保护意识和行动。

怒江金丝猴面临严峻的生存挑战

七、保护措施

任何物种的灭绝都会影响到生态平衡，而一旦生态失衡，对于包括人类在内的所有生物都将产生影响。因此，保护丰富的生物多样性和健康的生态系统，保护包括怒江金丝猴在内的珍稀物种是人类共同的责任。

进入21世纪，人类再次发现灵长类仰鼻猴属新物种，无疑是世界生物学的重大发现，引起了社会各界及有关政府的高度关注。中国国家林业局着手在高黎贡山国家级自然保护区开展怒江金丝猴的分布情况和种群数量的野外调查。专家希望，中缅双方应以发现怒江金丝猴为契机，加强合作，共同促进两国边境地区的生物多样性保护工作。

怒江金丝猴是21世纪生物学的重大发现

2012年2月28日，在国际动植物学协会、国际生物多样性和自然保护协会的支持下，缅甸林业与环境保护部组织召开了新种金丝猴国际研讨会。研讨会建议：

◆ 将新种金丝猴列入中缅两国哺乳类动物及野生动物保护名单。

◆ 将新种金丝猴列入《濒危野生动植物种国际贸易公约》（CITES）附录Ⅰ，《世界自然保护联盟濒危物种红色名录》（IUCN红色名录）中。

◆ 在缅甸建立国家公园。

◆ 在中缅跨境区域开展全面的野外考察，以更好地了解新种金丝猴的分布、栖息环境和种群密度。同时，了解该物种面临的威胁因素，在科学分析的基础上制订保护行动方案（计划）。

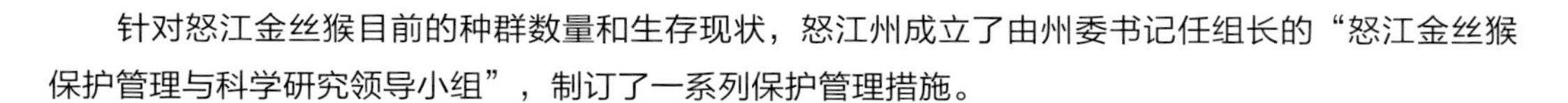

针对怒江金丝猴目前的种群数量和生存现状，怒江州成立了由州委书记任组长的“怒江金丝猴保护管理与科学研究领导小组”，制订了一系列保护管理措施。

◆ 建立健全对怒江金丝猴种群的观察监测机制，加强与科研机构合作， 开展怒江金丝猴的深入研究工作。

◆ 全面掌握怒江金丝猴的种群分布及活动规律。

◆ 加大对怒江金丝猴生境及栖息地的保护，杜绝偷砍盗伐和偷捕盗猎事件的发生。

◆ 严管火源，杜绝保护区火灾的发生。

◆ 加强疫源疫病监测防控。

◆ 进一步加大宣传力度，提高群众的保护意识，动员整合社会各界力量投入到怒江金丝猴的保护工作中。

怒江金丝猴需要人类的关注与呵护

八、我们应该做些什么

◆ 没有买卖就没有杀戮，树立正确的消费观。从我做起，不食野生动物，树立饮食文明新风尚，不乱捕、不猎杀野生动物，做文明、守法的好公民。

◆ 人人行动起来，积极劝说、阻止、举报各类破坏森林、伤害野生动物的行为，做保护生态环境的模范。

◆ 关爱动物，保护森林，让茂密的森林成为野生动物的栖息庇护场所。

◆ 从我做起，从小事做起，争做保护野生动物的卫士。发现受伤野生动物，要马上报告有关部门，及时妥善进行救治，并放归大自然；发现野生动物异常或死亡，要及时向有关部门报告。

大家共同来关注与呵护这一黑色精灵，
愿这一自然瑰宝与我们人类永远共存！

怒江金丝猴的发现再一次提醒人们：

神奇的大自然仍有许多未解之谜等待着人类去发现和探寻！

第三部分

共同的家园

怒江金丝猴在怒江的发现不是偶然的，它的存在也不是孤立的。生物多样性具有重要的生态功能，任何一个物种都是生态系统中的重要一员，并发挥着其独特的作用。各种生物相互依存、相互制约，共同维系着生态系统的结构和正常运转。

让我们走进怒江金丝猴的美丽家园，一起领略这里的丰富和精彩！

怒江傈僳族自治州位于云南省西北部、怒江中游，因怒江由北向南纵贯全境而得名。州内地势北高南低，南北走向的担当力卡山、独龙江、高黎贡山、怒江、碧罗雪山、澜沧江、云岭依次纵列，构成了狭长的高山峡谷地貌。

怒江石门关峡谷

处于三江并流核心区的怒江，是横断山植被和缅北植被区的过渡地带，是我国地貌景观极为独特、生物多样性十分丰富的地区。这里植被多样、生态和谐、物种丰富，素有“世界自然博物馆”“动植物王国的明珠”“世界物种基因库”的美誉。

高黎贡山秋色

独龙江钦郎当

怒江还是世界十大生物多样性热点地区和中国生物多样性保护具有全球意义的关键区域之一。独特的自然生态环境、完备的森林生态系统，为生物的繁衍提供了足够优良的生态环境和生存空间，孕育和保护了包括怒江金丝猴在内的众多珍稀物种，成为野生动物们的共同家园。

一、巍峨高耸的高黎贡山

高黎贡山是南北走向的横断山系中最西端的山脉，是怒江和伊洛瓦底江的分水岭。这条山脉北接青藏高原，南衔中南半岛，东邻怒山山脉，西毗印缅山地，纵跨我国云南西部，从北到南，绵延 600 余千米，是横断山脉中的一颗绿色明珠。其地势北高南低，最高点为怒江州贡山县境内的嘎娃嘎普峰，海拔 5 128 米，最低点在德宏州盈江县的中缅界河交汇处，海拔仅 210 米，相对高差近 5 000 米。独特的立体气候和复杂的地形造就了这里多样的生态系统。

贡山至独龙江垭口雪山

针阔叶混交林

高海拔寒温性竹林、草甸

亚高山沼泽湿地

中山湿性常绿阔叶林

高黎贡山犹如一座巨型空中桥梁，其特殊的地理位置、独特的垂直气候带、复杂的高山峡谷地貌，使之成为南北动植物迁徙扩散的天然通道和东西生物交汇的过渡地带，近在咫尺的空间里，热带、温带、寒带的动植物汇集一山，生物多样性异常丰富。

裸岩地貌

峰丛地貌

高山U形谷

高黎贡山国家级自然保护区总面积达40.52万公顷，是云南省最大的森林和野生动物类型的自然保护区。1992年，世界野生动物基金会把高黎贡山国家级自然保护区列为具有国际重要意义的A级自然保护区。1997年《中国生物多样性国情研究报告》确定了17个中国生物多样性保护具有全球意义的关键区域，其中，高黎贡山是首要区域横断山脉南段的重要组成部分。2000年，联合国教科文组织批准高黎贡山国家级自然保护区为生物圈保护区，并将其纳入世界生物圈保护区网络。

河谷

独龙江河谷

高黎贡山国家级自然保护区位于东经 98° 08′ ~ 98° 53′ 、北纬 24° 56′ ~ 28° 23′，包括怒江州的贡山、福贡、泸水三县和保山市的隆阳区、腾冲县。其中，怒江州辖区面积为 32.36 万公顷，分为北、中、南三片，北片位于贡山县境内，面积为 24.28 万公顷；中片位于福贡、泸水县境内，面积为 3.78 万公顷；南片位于泸水县境内，面积为 4.30 万公顷。区内最高峰嘎娃嘎普峰海拔 5 128 米，最低为独龙江海拔 980 米，相对高差达 4 148 米。

高黎贡山最高峰——嘎娃嘎普峰

二、险峻幽深的怒江峡谷

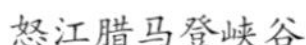

怒江腊马登峡谷

怒江利沙底峡谷

发源于青藏高原唐古拉山山麓的怒江，经西藏流入云南，每年以 1.6 倍的黄河水量蜿蜒曲折地穿梭于高黎贡山与碧罗雪山之间。怒江犹如一往无前的野马群，在两岸的危崖深谷中汹涌奔流，形成了世界上长度最长、高差最大的怒江大峡谷。

怒江峡谷

怒江大峡谷北起滇藏交界处，南抵泸水跃进桥，全长 310 千米，峡谷平均高差达 3 000 多米。高黎贡山、怒江大峡谷是欧亚板块与印度板块碰撞的结果，怒江大峡谷正处在两大板块的结合部，强大的地质应力和迅速上升的地壳构成了怒江峡谷独特的地质奇观和美丽的自然景色。

雄奇壮观的怒江石门关

三、动植物资源的宝库

1. 珍稀植物

高黎贡山的动植物资源十分丰富，从南亚热带到寒温带的各类森林植被，应有尽有，相当于云南从南到北、从低海拔到高海拔各气候带的森林和植被类型的缩影，共有 10 个植被型、16 个植被亚型、68 个群系，种子植物 210 科 1 086 属 4 303 种，约为云南省的 25%、全国的 13%，其中 434 种为高黎贡山特有种。此外，还有国家和云南省重点保护野生植物 54 种。

大果红杉 *Larix potaninii* var.*macrocarpa*

油麦吊云杉 *Picea brachytyla* var.*complanata*

秃杉 *Taiwania flousiana*

云南红豆杉 *Taxus yunnanensis*

云南铁杉 *Tsuga dumosa*

贡山厚朴 *Magnolia rostrata*

长蕊木兰 *Alcimandra cathcartii*

红花木莲 *Manglietia insignis*

五味子 *Schisandra chinensis*

水青树 *Tetracentron sinense*

野棉花 *Anemone vitifolia*

翠雀 *Delphinium grandiflorum*

黄牡丹 *Paeonia delavayi* var. *lutea*

野牡丹 *Melastoma candidum*

怒江十大功劳 *Mahonia salweenensis*

贡山绿绒蒿 *Meconopsis smithiana*

总状绿绒蒿 *Meconopsis racemosa*

伏毛虎耳草 *Saxifraga strigosa*

红毛虎耳草 *Saxifraga rufescens*

长鞭红景天 *Rhodiola fastigiata*

鸡眼梅花草 *Parnassia wightiana*

盘状雪灵芝 *Arenaria polytrichoides*

金黄凤仙花 *Impatiens xanthina*

白背黄花稔 *Sida rhombifolia*

楔叶委陵菜 *Potentilla cuneata*

十齿花 *Dipentodon sinicus*

光叶珙桐 *Davidia involucrata*

黄杯杜鹃 *Rhododendron wardii*

岩匙 *Berneuxia thibetica*

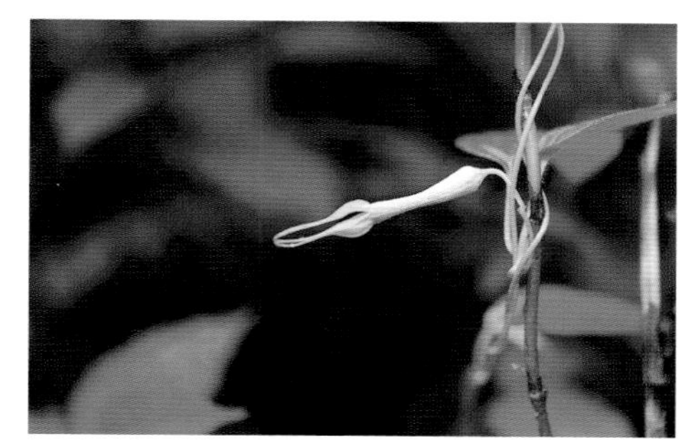

西藏吊灯花 *Ceropegia pubescens*

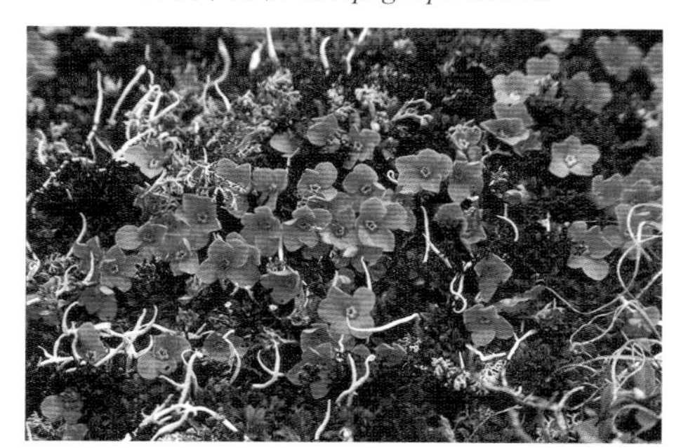

红花岩梅 *Diapensia purpurea*

星状雪兔子 *Saussurea stella*

蓝玉簪龙胆 *Gentiana veitchiorum*

滇西北点地梅 *Androsace delavayi*

碧江姜花 *Hedychium bijiangense*

大钟花 *Megacodon stylophorus*

紫斑百合 *Lilium nepalense*

片马豹子花 *Nomocharis farreri*

西南鸢尾 *Iris bulleyana*

滇重楼 *Paris polyphylla* var. *yunnanensis*

贡山棕榈 *Trachycarpus princeps*

董棕 *Caryota urens*

流苏石斛 *Dendrobium fimbriatum*

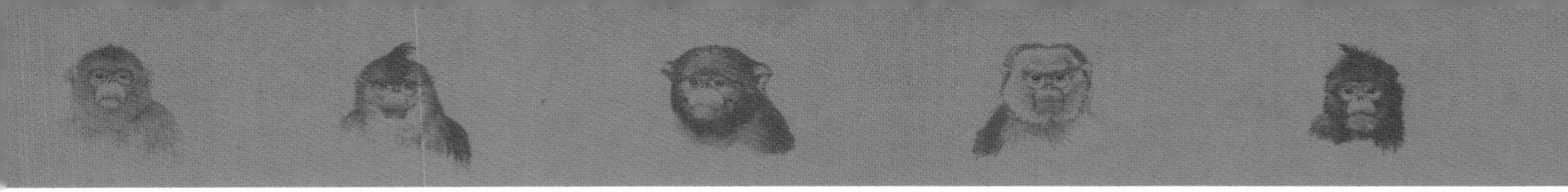

疣鞘独蒜兰 *Pleione praecox*

毛萼山珊瑚 *Galeola lindleyana*

广布红门兰 *Orchis chusua*

三褶虾脊兰 *Calanthe triplicata*

贡山竹 *Gaoligongshania megalothyrsa*

荚果蕨 *Matteuccia struthiopteris*

桫椤 *Alsophila spinulosa*

冬虫夏草 *Cordyceps sinensis*

2. 珍稀动物

丰富多彩的植被类型和茂密的原始森林，为野生动物的生存和繁衍提供了丰富的食源和良好的栖息环境，成为野生动物的天然乐园。据不完全统计，高黎贡山已知有脊椎动物 36 目 111 科 709 种，其中属国家和云南省重点保护野生动物 72 种。

小熊猫 *Ailurus fulgens*

北树鼩 *Tupaia belangeri*

金猫 *Catopuma temmincki*

狼 *Canis lupus*

巨松鼠 *Ratufa bicolor*

水獭 *Lutra lutra*

喜马拉雅旱獭 *Marmota himalayana*

赤斑羚 *Naemorhedus baileyi*

羚牛 *Budorcas taxicolor*

白尾梢虹雉 *Lophophorus sclateri*

白鹇 *Lophura nycthemera*

血雉 *Ithaginis cruentus*

凤头鹰 *Accipiter trivirgatus*

大拟啄木鸟 *Megalaima virens*

蓝翅噪鹛 *Garrulax squamatus*

纯色噪鹛 *Garrulax subunicolor*

条纹噪鹛 *Garrulax striatus*

灰胁噪鹛 *Garrulax caerulatus*

锈额斑翅鹛 *Actinodura egertoni*

橙腹叶鹎 *Chloropsis harduickii*

火尾太阳鸟 *Aethopyga ignicauda*

孟加拉眼镜蛇 *Naja kaouthia*

眼镜王蛇 *Ophiophagus hannah*

云南竹叶青蛇 *Trimeresurus yunnanensis*

紫灰锦蛇 *Elaphe porphyracea*

绿瘦蛇 *Ahaetulla prasina*

白唇树蜥 *Calotes mystaceus*

云南攀蜥 *Japalura yunnanensis*

独龙江攀蜥 *Japalura bapoensis*

红瘰疣螈 *Tylototriton verrucosus*

虎纹蛙 *Rana rugulosa*

贡山齿突蟾 *Scutiger gongshanensis*

贡山树蛙 *Rhacophorus gongshanensis*

司徒蟾蜍 *Bufo stuarti*

缺须盆唇鱼 *Placocheilus cryptonemus*

怒江裂腹鱼 *Schizothorax nukiangensis*

角鱼 *Akrokolioplax bicornis*

大鳍异齿𩽾 *Oreoglanis macropterus*

独龙裂腹鱼 *Schizothorax dulongensis*

喙凤蝶 *Teinopalpus imperialis*

褐凤蝶 *Bhutanitis lidderdalei*

玉斑凤蝶 *Papilio helenus*、宽带凤蝶 *Papilio nephelus*

金斑蝶 *Danaus chrysippus*

枯叶蛱蝶 *Kallima inachus*

波蚬蝶 *Zemeros flegyas*

古铜黄灰蝶 *Heliophorus brahma*

针尾蛱蝶 *Polyura dolon*

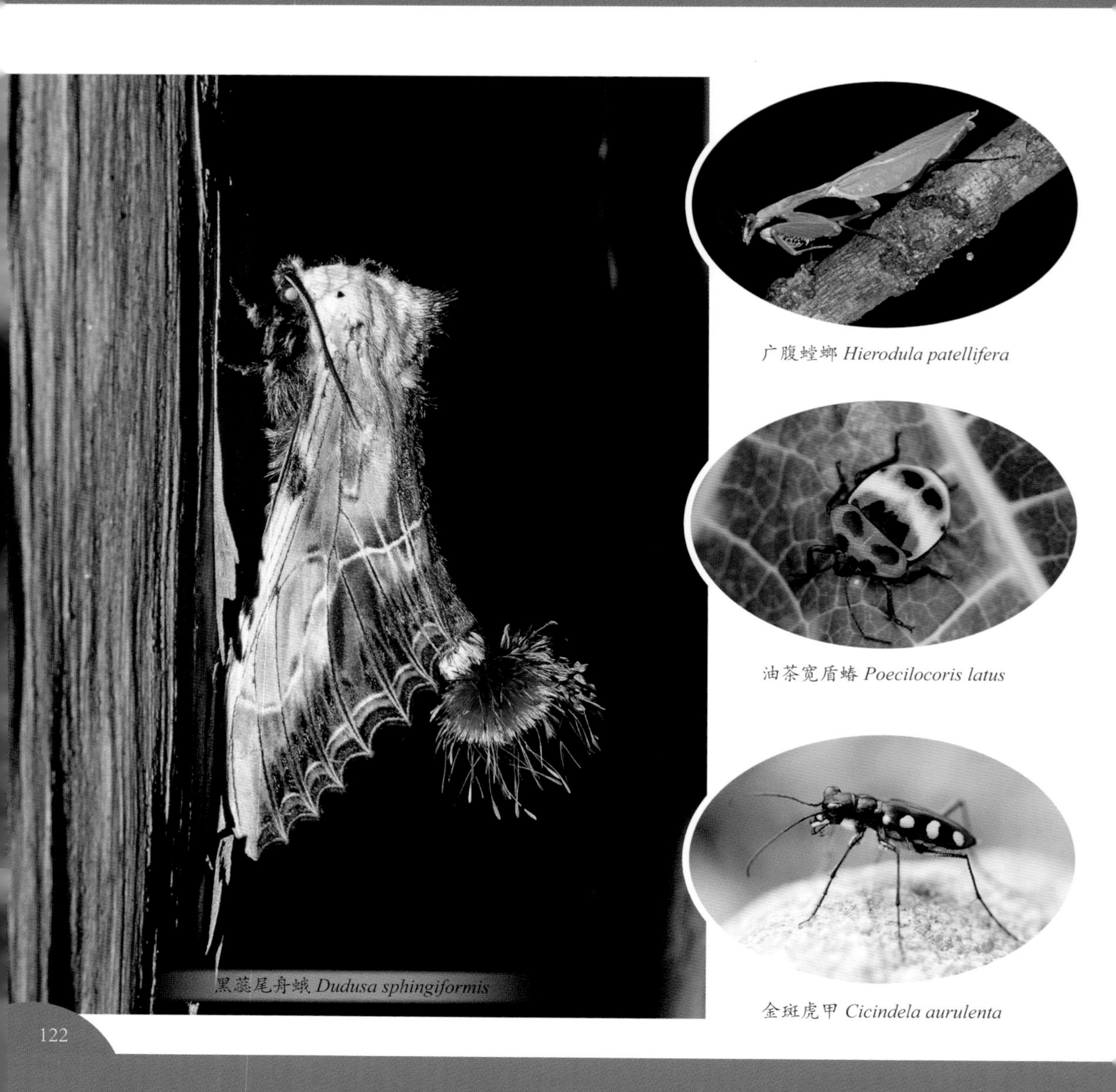

黑蕊尾舟蛾 *Dudusa sphingiformis*

广腹螳螂 *Hierodula patellifera*

油茶宽盾蝽 *Poecilocoris latus*

金斑虎甲 *Cicindela aurulenta*

格彩臂金龟 *Cheirotonus gestroi*

双叉犀金龟 *Allomyrina dichotoma*

四、灵长类动物的乐园

灵长类动物对生存环境要求极为苛刻，但凡有灵长类栖居的地方，无不是植被多样、生态和谐的原始森林。正是由于怒江得天独厚的自然条件和健康的生态系统，才孕育了丰富的灵长类资源，成为北半球灵长类动物种类最多的地区之一。迄今为止，怒江州境内共发现了 9 种灵长类动物，除怒江金丝猴和滇金丝猴外，还分布有猕猴、熊猴、短尾猴、戴帽叶猴、菲氏叶猴、印支灰叶猴、东白眉长臂猿等。

怒江州灵长类动物与全国、云南省物种数比较

区 域	种 类	占全国百分比	占云南百分比
全国	25	100%	
云南	15	60%	100%
怒江	9	36%	60%

猕猴 *Macaca mulatta*

猕猴 *Macaca mulatta*

猕猴是分布最广、最常见的一种灵长类动物。栖息于海拔 4 000 米以下的各种森林中。以野果、嫩枝叶、幼芽、花、竹笋、苔藓、地衣等为食，也吃昆虫、小鸟、鸟卵和螃蟹。属国家Ⅱ级重点保护野生动物，《濒危野生动植物种国际贸易公约》（CITES）附录Ⅱ物种。

熊猴 *Macaca assamensis*

熊猴栖息于海拔 900~3 000 米的原始常绿阔叶林及针阔叶混交林中。它们在树上活动的时间比在地面活动的时间要多。主要采食野果、嫩枝、嫩叶及昆虫、鸟卵等。属国家Ⅰ级重点保护野生动物，《濒危野生动植物种国际贸易公约》（CITES）附录Ⅱ物种。

熊猴 *Macaca assamensis*

短尾猴 *Macaca arctoides*

短尾猴 *Macaca arctoides*

短尾猴由于其面部裸露呈红色，俗称红面猴。主要栖息于海拔 2 600 米以下的原始常绿阔叶林和次生常绿阔叶林中。以多种野果、嫩叶、竹笋等植物性食物为食，也食鸟卵、昆虫、螃蟹、青蛙等。属国家Ⅱ级重点保护野生动物，《濒危野生动植物种国际贸易公约》（CITES）附录Ⅱ物种。

戴帽叶猴 *Trachypithecus shortridgei*

戴帽叶猴 *Trachypithecus shortridgei*

戴帽叶猴是体形较大的一种叶猴，因长而柔软的顶毛形似帽状而得名。国内仅见于云南贡山、福贡的高黎贡山海拔 1 200~1 500 米的浓密季雨林中。它们喜欢在山溪两旁的树冠上来回跳跃，很少在地面活动。主要以各种嫩叶、芽尖、花苞和野果等为食。数量稀少。属国家Ⅰ级重点保护野生动物，《濒危野生动植物种国际贸易公约》（CITES）附录Ⅰ物种。

印支灰叶猴 *Trachypithecus crepusculus*

印支灰叶猴是比较典型的树栖灵长类动物。栖息在海拔 1 500 米以下的热带雨林、季雨林和亚热带中山常绿阔叶林缘区。它们觅食和玩耍等大多在树上进行，其攀缘和跳跃能力很强。主要以各种野果、嫩树叶、花苞、竹叶等为食。数量较少。属国家Ⅰ级重点保护野生动物，《濒危野生动植物种国际贸易公约》（CITES）附录Ⅱ物种。

印支灰叶猴 *Trachypithecus crepusculus*

菲氏叶猴 *Trachypithecus phayrei*

菲氏叶猴 *Trachypithecus phayrei*

菲氏叶猴主要生活在原生和次生的常绿、半常绿森林以及潮湿的落叶－常绿混交林中。主要以植物的芽、叶、花、果实和种子为食，一些群体也会把树皮、树胶、竹笋或苔藓等当作食物。属国家Ⅰ级重点保护野生动物，《濒危动植物种国际贸易公约》（CITES）附录Ⅱ物种。

东白眉长臂猿 *Hoolock leuconedys*

东白眉长臂猿 *Hoolock leuconedys*

国内仅见于云南西部高黎贡山地区的中南部。栖息于海拔 2 000 米左右的热带和亚热带常绿阔叶林中。营家庭式群体生活，具领域性，群体大小一般 3~4 只，典型的一夫一妻制。具鸣叫的习性。食物包括植物浆果、嫩叶、嫩芽、花及一些昆虫和鸟卵等。被《中国物种红色名录》评估为极危种。属国家 I 级重点保护野生动物，《濒危野生动植物种国际贸易公约》（CITES）附录 I 物种。

巍峨连绵的大山，奔腾不息的江河，壮丽秀美的峡谷，丰富多彩的物种，怒江是充满艰险的原始之地，也是生机盎然的绿色家园。

附：怒江金丝猴大事记

2010年初，野生动植物保护国际（FFI）组织在缅甸克钦邦东北部进行灵长类动物调查时，收集到一具完整的仰鼻猴标本。经科研人员比较、判断，确定为仰鼻猴新种。2010年10月26日，《美国灵长类学杂志》在线发表了这一成果，并将该仰鼻猴新种定名为*Rhinopithecus strykeri*。

2011年10月16日，中国林业工作者在高黎贡山国家级自然保护区怒江州泸水县片马镇辖区内的一块常绿阔叶林地上拍摄到世界上首张仰鼻猴新种*Rhinopithecus strykeri*的野外生存照片。

2012年3月14日，中国林业工作者在高黎贡山国家级自然保护区怒江州泸水县片马镇辖区内首次记录到仰鼻猴新种*Rhinopithecus strykeri*在野生状态下的视频资料。

2012年10月，黑色仰鼻猴新种在中国怒江州发现的科学文章“*Rhinopithecus strykeri* found in China！”在《美国灵长类学杂志》正式发表，并将其中文名正式定为“怒江金丝猴”。

2013年9月21日，高黎贡山国家级自然保护区泸水管理局获得一只由当地村民救护的2岁左右的雌性怒江金丝猴。

2015年9月17日，高黎贡山国家级自然保护区泸水管理局工作人员及大理大学东喜马拉雅资源与环境研究所科研工作者首次在怒江州泸水县高黎贡山主山脉东坡发现怒江金丝猴新种群。

结束语

怒江，这块令世人羡慕和赞叹的沃土，是怒江各民族繁衍生息的美好家园，保护和建设好怒江独特的生态环境，让江河依然清澈，森林依然茂密，天空依然宁静，大地依然翠绿。

怒江金丝猴在怒江地区已经生活了百万年之久，绝不应该灭在今朝。它们属于全人类，保护和研究它们是全人类的共同责任。我们欢迎海内外各界人士关注、支持和参与怒江金丝猴的保护和研究行动，愿这一自然瑰宝得以与我们人类永远共存！

主要参考文献

[1] 全国强，谢家骅 . 金丝猴研究 [M]. 上海：上海科技教育出版社，2002.

[2] 潘清华，王应祥，岩昆 . 中国哺乳动物彩色图鉴 [M]. 北京：中国林业出版社，2007.

[3] 徐志辉 . 怒江自然保护区 [M]. 昆明：云南美术出版社，1998.

[4] 西南林学院，云南省林业调查规划设计院，云南省林业厅 . 高黎贡山国家自然保护区 [M]. 北京：中国林业出版社，1995.

[5] 汪松 . 中国濒危动物红皮书 / 兽类 [M]. 北京：科学出版社，1998.

[6] 李海曙 . 怒江金丝猴 [M]. 昆明：云南民族出版社，2013.

[7] 王恺 . 中国国家级自然保护区 [M]. 合肥：安徽科学技术出版社，2003.

[8] 李光松，陈奕欣，孙文莫，等 . 中国怒江片马地区怒江金丝猴种群动态及社会组织初探 [J]. 兽类学报，2014, 34：323-328.

[9] GEISSMANN T, LWIN N, AUNG S S, et al. A new species of snub-nosed monkey, genus *Rhinopithecus* Milne-Edwards, 1872 (Primates, Colobinae), from northern Kachin State, northeastern Myanmar[J]. American Journal of Primatology，2011，73(1)：96-107.

[10] LONG Y C, MOMBERG F, MA J, et al. *Rhinopithecus strykeri* found in China! [J]. American Journal of Primatology，2012，74(10)：871-873.

[11] MA C, HUANG Z P, ZHAO X F, et al. Distribution and conservation status of *Rhinopithecus strykeri* in China[J]. Primates，2014，55(3)：377-382.